擺料　烘烤　完成

［派皮點心］

日本家家必備的冷凍派皮，溫暖大人與小孩的60道現烤美味

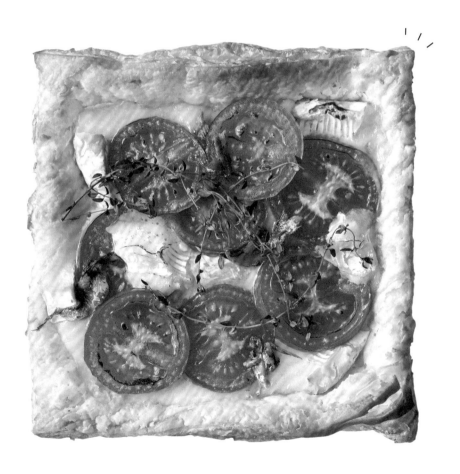

新田亞素美Nitta Asomi——著　　連雪雅——譯

前言

漫食巴黎的回憶

還記得學生時期參加畢業旅行去了巴黎，走在街上被五顏六色
的展示櫥窗吸引。裡面擺滿放著許多水果的丹麥麵包、蔬菜鹹
派等，那些如今已是相當普遍的麵包糕點。

當時，我對某樣食物一見傾心，它的外觀像是薄皮大披薩，放上色彩繽紛的蔬菜，以及從未見過的義式肉腸與香腸。我滿心雀躍買了一片，開心地邊走邊吃。

後來才知道那個像披薩的食物，是亞爾薩斯（Alsace）地區的火焰薄餅（tarte flambée）。

火焰薄餅這個名稱聽來有些陌生，本書以其為構想，著重食材的組合、配色、味道的均衡，以及輕鬆省事的原則，為各位介紹多款簡易美味的單皮派（open pie，僅底面一層無上蓋的派）。派皮的準備也很簡單，用叉子在冷凍派皮上戳洞即可！多試做幾個和親朋好友分享，也能藉此品嚐各種口味。而且，就算變冷依然酥脆，很適合帶去參加聚會。

那麼，趕緊往下翻閱，一起動手做做看吧！

目 錄

Column

預先做好，隨時都能烤派真輕鬆

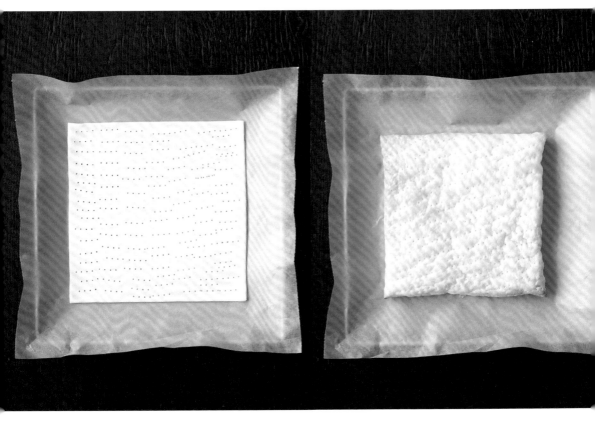

戳洞　　　　　　　　　　　　　　乾烤

擺料

完成了！

本書使用的冷凍派皮

可以直接烘烤的冷凍派皮是相當方便的食材。
雖然市售商品的種類很多，
我最推薦的是「Bellamy's」的冷凍派皮，
層次多達 114 層，烤好後的酥脆口感超讚，
而且還是百分之百奶油製作，風味絕佳。

說到自己做派皮，
有經驗的人都知道那不是輕鬆的事。
首先，必須準備大理石板，然後用擀麵棍
反覆擀壓、摺疊包入奶油的麵團，
一而再，再而三地重複那些步驟。
此外，為了不讓麵團裡的奶油融化，
製作派皮時，不能待在溫暖的場所，
一定得在低溫的環境，耐心地擀摺派皮。
由此可知，冷凍派皮真的是非常出色的食材，
各位應該也能認同吧。
當然，如果你還是想自己做派皮也 OK。

另外，本書使用冷凍派皮時不會擀開，而是直接使用。

紐西蘭「Bellamy's」公司的冷凍派皮有如現做派皮，百分之百的新鮮奶油
製成，風味純正，香酥可口。
20cm×20cm ／ 3 片裝／
798 日圓（含稅）／ cuoca

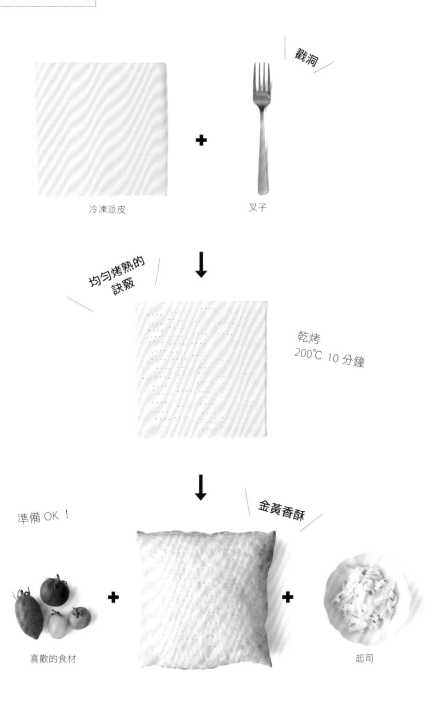

冷凍派皮 ＋ 叉子

戳洞

均勻烤熟的訣竅

乾烤
200℃ 10 分鐘

準備 OK！

金黃香酥

喜歡的食材 ＋ ＋ 起司

本書的使用方法

烤 箱

本書使用的是一般烤箱，
但烤箱的功能會依廠商、機種而異，
所以書中標示的時間僅供參考，
各位請詳閱家中烤箱的使用說明，
視情況斟酌調整烘烤時間。
若擔心烤焦，請蓋上鋁箔紙。

吐 司 小 烤 箱

雖然用吐司小烤箱也能烤，
可是這種烤箱的空間不大，容易烤焦。
烤的時候，請蓋上鋁箔紙，
邊烤邊留意表面是否烤焦。
使用吐司小烤箱時，加熱時間不變，
設定烤溫請降低 10℃。

冷 凍 派 皮

本書都是使用 20cm 的派皮。
使用小一點的派皮時，
請配合派皮的大小調整配料的分量。

分 量

基本上是 2 ～ 3 人份。

使用小烤箱的注意事項

假如擱著不管就會變成這
樣⋯⋯。表面烤上色後，蓋
上鋁箔紙，以免烤焦！

生火腿香草沙拉 ✕
藍紋起司

200℃　20 分鐘

以生火腿搭配喜歡的香草，做成款待客人的小點。
藍紋起司的鹹味與白酒相當對味。

〔材料〕

生火腿　3 片
嫩葉生菜　1 包
紅菊苣　1 片
蒔蘿　1 枝
羅勒　適量
A ┌ 鹽　少許
　 └ 橄欖油　適量
披薩用起司絲　30g
藍紋起司　20g
黑胡椒　適量

〔作法〕

1　將葉菜類、香草類用手撕碎，加入材料 A 大略攪拌後
　　備用。

2　將起司絲、掰成小塊的藍紋起司擺在冷凍派皮上，放
　　進 200℃的烤箱烤約 20 分鐘。

3　放上步驟 1 材料與生火腿，撒些黑胡椒即完成。

白醬蘑菇燻鮭魚

先放燻鮭魚再烤派，兩者會融合在一起，
烤完派才放燻鮭魚，又是另一番滋味，兩種做法帶來雙重享受。

| 乾烤 | 10 分鐘 |
| 230℃ | 8 分鐘 |

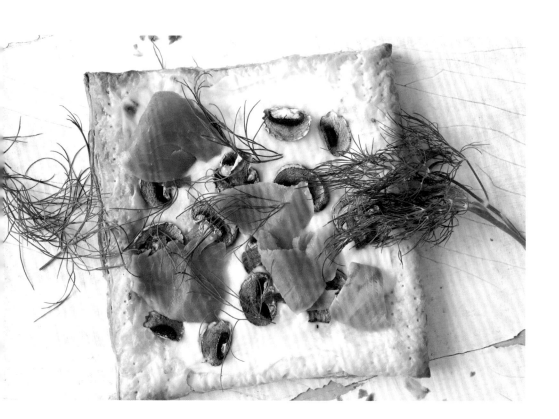

〔材料〕

燻鮭魚　60g
蘑菇　3 個
白醬　4 大匙
蒔蘿　適量

〔作法〕

1　燻鮭魚切成一口大小，蘑菇切成薄片。

2　將烤過的派皮塗抹白醬，擺上蘑菇片，放進 230℃的
　　烤箱烘烤約 8 分鐘。最後放上燻鮭魚與撕開的蒔蘿即
　　完成。

酸奶油青蔥鮭魚

色彩繽紛，賞心悅目。青蔥斜切成約 10cm 的細段，
泡水片刻再放到派皮上烘烤，就會變得捲曲。

200℃　20 分鐘

〔材料〕

鮭魚卵　2 大匙
青蔥　約 5 根
酸奶油　2 大匙
披薩用起司絲　50g
橄欖油　適量

〔作法〕

1　青蔥斜切成細段。

2　將起司絲擺在冷凍派皮上，放進 200℃的烤箱烘烤 20
　　分鐘。

3　塗抹酸奶油，放上蔥段與鮭魚卵，淋些橄欖油即完成。

墨西哥風味厚切培根

乾烤　10 分鐘

230℃　8 分鐘

使用口感十足的厚切培根是製作重點，
辣椒粉的香辣加分不少。

〔材料〕

厚切培根　70g

番茄　60g

酪梨　1/2 個

美乃滋　1 大匙

披薩用起司絲　50g

辣椒粉　適量

〔作法〕

1　厚切培根、番茄、酪梨切成 1cm 的塊狀，加入美乃滋大略混拌。

2　將起司絲和步驟 1 材料擺在烤過的派皮上，放進 230℃的烤箱烤約 8 分鐘。

3　最後撒些辣椒粉即完成。

番茄鯷魚 × 卡門貝爾起司

非常經典的組合，正因為簡單，
更要講究食材。

乾烤　10 分鐘

230℃　8 分鐘

〔材料〕

番茄　1 個

鯷魚　2 片

卡門貝爾起司　1 個

百里香　適量

〔作法〕

1　番茄切成圓片。

2　將番茄片、用手撕成小塊的卡門貝爾起司、鯷魚、百
　　里香擺在烤過的派皮上，放進 230℃ 的烤箱烤 8 分鐘
　　即完成。

番茄紅醬青花魚

將常見的水煮青花魚罐頭加上番茄紅醬，
做成滋味濃醇的派，而且做法簡單。
把番茄紅醬換成市售的披薩醬，味道也很棒。

乾烤　10 分鐘

230℃　8 分鐘

〔材料〕

水煮青花魚罐頭　1/2 罐
番茄紅醬　4 大匙
披薩用起司絲　50g
豆苗　適量

〔作法〕

1　將烤過的派皮塗抹番茄紅醬，擺上起司絲、青花魚，
　　放進 230℃的烤箱烤 8 分鐘。

2　最後撒些豆苗即完成。

鹹牛肉酪梨佐山葵美乃滋

乾烤 10 分鐘
210℃ 10 分鐘

山葵美乃滋讓鹹牛肉與酪梨多了一股溫潤的辣味。
山葵不和美乃滋混拌，而是少量地放上去。

〔材料〕

鹹牛肉（罐頭） 60g

酪梨 1 個

山葵 1/2 小匙

美乃滋 1 大匙

披薩用起司絲 50g

〔作法〕

1 酪梨去籽，切成薄片。

2 將起司絲、用手掰碎的鹹牛肉、酪梨片依序擺在烤過的派皮上，擠些美乃滋，再少量地放上山葵。

3 放進 210℃的烤箱烤 10 分鐘即完成。

豬五花番茄海瓜子

乾烤 10 分鐘
230℃ 8 分鐘

以前在葡式料理餐廳品嚐到海瓜子煮豬肉後，
便愛上了這個組合。
加上紅椒粉和檸檬，味道更道地。

〔材料〕

豬五花薄切肉片 80g

海瓜子肉 80g

大蒜 1 瓣

小番茄 5 個

披薩用起司絲 50g

香菜 適量

黑胡椒 適量

〔作法〕

1 豬五花肉片切成 4cm，大蒜切薄片，小番茄對半切成 2 等分。

2 將香菜以外的所有材料擺在烤過的派皮上，放進 230℃的烤箱烤 8 分鐘。

3 最後放些香菜、撒上黑胡椒即完成。

番茄紅醬羅勒秋刀魚

擺上滿滿當季的新鮮秋刀魚,如果沒有生的秋刀魚,
可用市售的水煮罐頭代替。塔巴斯科辣醬的酸辣和秋刀魚很搭。

| 乾烤 | 10 分鐘 |
| 210℃ | 10 分鐘 |

〔材料〕

秋刀魚(去骨切成 3 片) 1 條
大蒜　1 瓣
番茄紅醬　4 大匙
羅勒　適量
塔巴斯科辣醬　少許

〔作法〕

1　秋刀魚切成一口大小,大蒜切薄片。

2　將烤過的派皮塗抹番茄紅醬,擺上撒了些許鹽(材料
　　分量外)的秋刀魚、蒜片,放進 210℃ 的烤箱烘烤 10
　　分鐘。

3　最後撒上羅勒,依個人喜好淋些塔巴斯科辣醬即完成。

蝦子小番茄 × 奶油起司

因為想做紅通通的烤派，刻意選用紅色的食材。
把小番茄連枝擺在派上，看起來相當澎湃。

乾烤　10分鐘

230℃　8分鐘

〔材料〕

小蝦　6隻
小番茄　8個
大蒜　1瓣
奶油起司　30g
番茄紅醬　4大匙

〔作法〕

1　小蝦去殼，大蒜切薄片。

2　將烤過的派皮塗抹番茄紅醬，擺上蝦肉、小番茄、蒜片、用手撕成小塊的奶油起司，放進230℃的烤箱烤8分鐘即完成。

生火腿蘑菇與綜合堅果

擺上生火腿與豐富的堅果，
搭配不同種類的起司更是美味。
和煮稠的巴薩米克醋超對味！

〔材料〕

生火腿　4 片
已煮熟的蘑菇　2 個
堅果類　適量
果乾（無花果、葡萄乾等）　適量
紅切達起司　20g
披薩用起司絲　30g
巴薩米克醋　2 大匙

〔作法〕

1　將起司絲、用手掰成小塊的紅切達起司擺在冷凍派皮上，放進 200℃的烤箱烤 20 分鐘。

2　再放上生火腿、堅果、果乾、用手撕碎的蘑菇，淋上煮稠的巴薩米克醋即完成。

海瓜子茼蒿 × 莫札瑞拉起司

茼蒿直接用手撕碎,像在做沙拉的感覺。
香菜、豆苗等喜歡的蔬菜也是這樣處理。

〔材料〕

海瓜子肉　60g

莫札瑞拉起司　80g

茼蒿　適量

A ┌ 豆瓣醬　1/2 小匙

　├ 砂糖　1 小匙

　├ 醬油　1/2 小匙

　└ 麻油　1 小匙

〔作法〕

1　摘取茼蒿葉,莫札瑞拉起司用手撕成小塊,海瓜子肉加入材料 A 混合攪拌。

2　將起司塊與海瓜子肉擺在烤過的派皮上,放進 230℃ 的烤箱烤 8 分鐘。

3　最後撒上茼蒿葉即完成。

芥末籽鮪魚西洋菜

因為要用烤箱烤，所以選擇鮪魚塊。
加上洋蔥片，口感變得更有層次。

乾烤　10 分鐘

230℃　8 分鐘

〔材料〕

鮪魚塊罐頭　60g

芥末籽　1 小匙

西洋菜　適量

披薩用起司絲　40g

黑胡椒　適量

〔作法〕

1　將西洋菜以外的所有材料擺在烤過的派皮上，放進
　　230℃的烤箱烤 8 分鐘。

2　最後放上用手撕碎的西洋菜，撒些黑胡椒即完成。

櫛瓜莎樂美腸 ×
韓式泡菜

只放櫛瓜和莎樂美腸的簡單組合已經很美味了，
加上韓式泡菜的話，
立刻變成想來杯啤酒的下酒小菜！

〔材料〕

櫛瓜　1/2 條

莎樂美腸　8 片

韓式泡菜　30g

披薩用起司絲　50g

橄欖油　適量

〔作法〕

1　櫛瓜切成圓片。

2　將橄欖油以外的所有材料擺在烤過的派皮上，放進
　　230℃的烤箱烤 8 分鐘。

3　最後淋上橄欖油即完成。

山葵海苔醬小魚乾

用「配飯好麻吉」的海苔醬做成的簡易披薩。
起司與小魚乾的組合和味噌湯也很搭。

乾烤　10 分鐘

230℃　8 分鐘

〔材料〕

小魚乾　1 大匙
海苔醬　1 大匙
山葵　1 小匙
披薩用起司絲　50g
青蔥　2 根

〔作法〕

1　海苔醬與山葵混拌，青蔥斜切成薄片。

2　將青蔥以外的所有材料擺在烤過的派皮上，放進230℃的烤箱烤 8 分鐘。

3　最後撒上青蔥即完成。

毛豆小魚乾 × 青醬糯米椒

全部都是以綠色食材組合而成。
若是使用生毛豆，需先汆燙再烤。
帶殼的生毛豆會更香喔！吃的時候再把殼拿掉。

乾烤　10 分鐘

230℃　8 分鐘

〔材料〕

小魚乾　6g
冷凍帶殼毛豆　10 個
糯米椒　3 根
A┌青醬　1 大匙
　└披薩用起司絲　50g

〔作法〕

1　糯米椒對半縱切，加入材料 A 攪拌均勻。

2　將所有材料擺在烤過的派皮上，放進230℃的烤箱烤 8 分鐘即完成。

油漬沙丁魚佐香芹美乃滋

醃梅的酸味與香芹的風味降低了原本的油膩感，
香芹用手撕碎或是切成粗末，使其釋出香味。

乾烤　10分鐘

230℃　8分鐘

〔材料〕

油漬沙丁魚　8尾
醃梅　1個
香芹　3大匙
美乃滋　4大匙

〔作法〕

1　醃梅去籽，用菜刀剁碎。香芹切末，加入美乃滋混合
　　攪拌。

2　將烤過的派皮塗抹香芹美乃滋，擺上沙丁魚與醃梅，
　　放進230℃的烤箱烤8分鐘即完成。

魩仔魚與鹽昆布沙拉

試著把我家做過無數次的沙拉烤成派，
搭配派皮的酥脆口感果然很棒！

200℃　20 分鐘

〔材料〕

魩仔魚　2 大匙

鹽昆布　1/2 小匙

豆苗　適量

橄欖油　2 小匙

檸檬汁　少許

披薩用起司絲　40g

〔作法〕

1　將起司絲擺在冷凍派皮上，放進 200℃的烤箱烘烤 20 分鐘。

2　拌勻所有材料，擺在烤好的派皮上即完成。

番茄紅醬牡蠣菠菜

乾烤　10 分鐘

230℃ 10 分鐘

飽滿的牡蠣滋味鮮甜，小茴香籽微微 Q 彈。
豪邁地放上大量的新鮮菠菜。

〔材料〕

牡蠣　6 個

菠菜　30g

番茄紅醬　4 大匙

紅切達起司　40g

A ┌ 橄欖油　2 小匙
　├ 小茴香籽　1 小匙
　└ 鹽　少許

〔作法〕

1　菠菜切成 2cm 長。牡蠣加入材料 A 混合攪拌。

2　將烤過的派皮塗抹番茄紅醬，擺上用手撕成小塊的起司與步驟 1 材料，放進 230℃的烤箱烤 10 分鐘即完成。

橄欖油蟹肉花椰菜

花椰菜剝成小朵,搭配價格親民又好吃的蟹肉罐頭。
將些許的罐頭湯汁淋在花椰菜上更添風味。

乾烤　10 分鐘

200℃　15 分鐘

〔材料〕

蟹肉罐頭　1 罐（50g）
花椰菜　50g
橄欖油　適量
披薩用起司絲　50g
黑胡椒　適量

〔作法〕

1　花椰菜分成小朵,蟹肉罐頭瀝乾湯汁。

2　將起司絲、花椰菜、蟹肉擺在烤過的派皮上,淋些橄欖油,放進 200℃的烤箱烤 15 分鐘。

3　最後撒上黑胡椒即完成。

預先做好，隨時都能烤派真輕鬆

番茄紅醬

派和番茄紅醬絕對是最佳搭檔。
只要有番茄紅醬，擺上起司與剩下的食材烤一烤，
就會變得很美味，堪稱「萬用醬」。
做好後裝入密封容器冷凍，可當作保存食品。

〔 **方便製作的分量** 〕

番茄罐頭　1 罐

洋蔥　1/2 個

大蒜　1 瓣

番茄醬　1 大匙

鹽　1/2 小匙

砂糖　1 小匙

橄欖油　1 大匙

〔作法〕

1　洋蔥與大蒜切成末後，取一小鍋倒入橄欖油與洋蔥末、蒜末充分拌炒。

2　接著加入番茄罐頭、番茄醬、砂糖、鹽，以中火煮約 10 分鐘即完成。

莎樂美腸 ×
柚子胡椒藕片

乾烤　10 分鐘

190℃　15 分鐘

爽脆的藕片加上柚子胡椒的麻辣超下酒！
帶皮的蓮藕吃起來口齒留香。

〔材料〕

莎樂美腸　8 片

蓮藕　60g

柚子胡椒　1 小匙

披薩用起司絲　50g

橄欖油　適量

〔作法〕

1　蓮藕帶皮切成薄片。

2　將起司絲、藕片、莎樂美腸擺在烤過的派皮上，再把
　　柚子胡椒擺在藕片上，放進 190℃的烤箱烤 15 分鐘。

3　最後淋些橄欖油即完成。

扇貝與芥末美乃滋藕片

構想來自熊本名產的芥末蓮藕。
加入美乃滋，使辣味變得溫和。

乾烤　10 分鐘

210℃　10 分鐘

〔材料〕

扇貝肉（罐頭）　1 罐
蓮藕　60g
黃芥末醬　少許
美乃滋　2 大匙
海苔粉　適量

〔作法〕

1　蓮藕帶皮切成薄片，扇貝肉瀝乾湯汁後，加入黃芥末醬、美乃滋混合攪拌。

2　將烤過的派皮塗抹步驟 1 的美乃滋、擺上藕片，放進 210℃的烤箱烤 10 分鐘。

3　最後撒些海苔粉即完成。

鹽漬花枝 × 起司馬鈴薯

馬鈴薯切絲後，泡水片刻保留脆度。
馬鈴薯與鹽漬花枝的組合堪稱絕配！

乾烤　10 分鐘

210℃　15 分鐘

〔材料〕

鹽漬花枝　40g
馬鈴薯　1/2 個
奶油　10g
披薩用起司絲　50g
黑胡椒　適量

〔作法〕

1　馬鈴薯切絲。

2　將所有材料擺在烤過的派皮上，放進 210℃ 的烤箱烤
　　15 分鐘。

3　最後撒些黑胡椒即完成。

山椒洋蔥起司

乾烤　10 分鐘

230℃　8 分鐘

起司可選擇喜歡的種類，山椒粒的麻辣，讓味道更顯成熟。
洋蔥帶有甜味，建議可多放一些。

〔材料〕

山椒粒　1 小匙
洋蔥　40g
披薩用起司絲　20g
藍紋起司　20g
紅切達起司　20g

〔作法〕

1　洋蔥切成薄片。

2　將所有材料（起司撕成小塊）擺在烤過的派皮上，放進 230℃的烤箱烤 8 分鐘即完成。

菇菇半熟蛋披薩

乾烤　10 分鐘

190℃　10 分鐘

半熟狀態的蛋黃真棒。
攪開的蛋黃如醬汁般流散，好想趕快咬一口！
菇類可選用喜歡的種類，如杏鮑菇或香菇等。

〔材料〕

番茄紅醬　4 大匙
蘑菇　2 個
舞菇　40g
蛋　1 顆
披薩用起司絲　50g
起司粉　適量
鹽　少許

〔作法〕

1　蘑菇切成薄片，舞菇用手撕開，撒上些許的鹽。

2　將烤過的派皮塗抹番茄紅醬，擺上起司絲、菇類、蛋，撒些起司粉，放進 190℃的烤箱烤約 10 分鐘即完成。

花枝西芹 × 番茄紅醬

因為會用到內臟，請選購新鮮的生花枝。
生花枝與西芹的清爽香氣相當對味。

〔材料〕

花枝（連同內臟）　1 隻
西芹　20g
A ┬ 醬油　1/2 小匙
　└ 薑泥　少許
披薩用起司絲　50g
西芹葉　適量

〔作法〕

1　花枝切成圈狀，內臟加入材料 A 混合攪拌，成為醬汁。
　　西芹斜切成薄片。

2　將烤過的派皮塗抹步驟 1 的醬汁，擺上起司絲、西芹、
　　花枝圈放進 210℃的烤箱烤 10 分鐘。

3　最後撒些切碎的西芹葉即完成。

明太子洋蔥 × 奶油起司

把剝散的明太子少量地擺在奶油起司上，
輕輕鬆鬆就完成一道色香味俱全的佳餚。

〔材料〕

明太子　1 條
洋蔥　40g
奶油起司　80g
芝麻菜　適量
橄欖油　適量

〔作法〕

1　洋蔥切成薄片。

2　將芝麻菜以外的所有材料擺在烤過的派皮上，放進
　　230℃的烤箱烤 8 分鐘。

3　最後擺上芝麻菜，淋些橄欖油即完成。

迷迭香起司培根馬鈴薯

求學時期在打工的地方吃到這款披薩，因為很喜歡，試著烤成派。
放上整枝的迷迭香，烤好後撕開，迷人香氣撲鼻而來！

乾烤　10 分鐘

190℃　15 分鐘

〔材料〕

馬鈴薯　1/4 個

培根　2 片

大蒜　1 瓣

迷迭香　1 枝

披薩用起司絲　50g

鹽　少許

〔作法〕

1　馬鈴薯帶皮切成薄片，撒上些許的鹽。培根切成 1cm 長，大蒜切薄片。

2　將起司絲、步驟 1 材料、迷迭香擺在烤過的派皮上，放進 190℃的烤箱烤 15 分鐘即完成。

奶油培根蛋

以前和外甥一起做披薩時，我問他「想放什麼料？」
他立刻回道「奶油培根蛋！」。
試著烤成派，味道不錯喔。

乾烤　10 分鐘

190℃　10 分鐘

〔材料〕

培根　2 片
蛋　1 顆
青豆仁　適量
白醬　4 大匙

〔作法〕

1　培根切成 1cm 長。

2　將烤過的派皮塗抹白醬，擺上所有材料，放進 190℃
　　的烤箱烤 10 分鐘即完成。

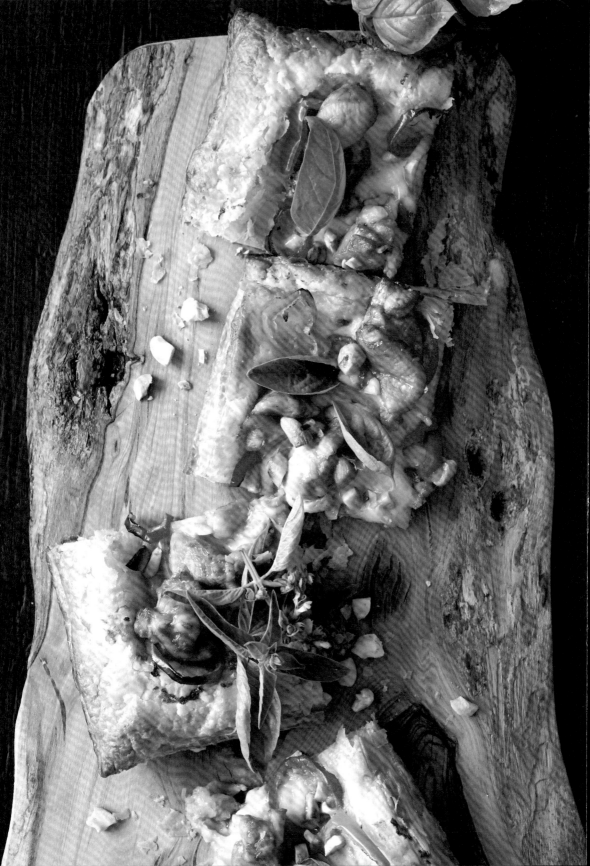

羅勒雞丁

乾烤　10分鐘

220℃　10分鐘

把泰國的熱炒料理做成烤派。
用蠔油充分拌過的雞肉，滋味濃醇。

〔材料〕

雞腿肉　1/2 塊

彩椒　各 20g

腰果　6 粒

A ┌ 蒜泥　1/2 瓣的量
　└ 蠔油　2 小匙

披薩用起司絲　50g

羅勒葉　5 片

〔作法〕

1　雞腿肉切成 2cm 的塊狀，加入材料 A 混合攪拌。彩椒切成薄片，腰果略為切碎。

2　將羅勒葉以外的所有材料擺在烤過的派皮上，放進 220℃的烤箱烤 10 分鐘。

3　最後撒上羅勒葉即完成。

泰式酸辣肉末蝦

乾烤　10 分鐘

230℃　8 分鐘

泰式酸辣湯醬是我家的常備品，加雞絞肉混拌、烤成派，
放上大量的香菜。搭配啤酒相當對味！

〔材料〕

雞絞肉　100g

小蝦　6 隻

洋蔥　1/4 個（60g）

A ┌ 泰式酸辣湯醬　2 小匙
　└ 番茄醬　1 小匙

香菜　適量

〔作法〕

1　雞絞肉加入材料 A 揉合攪拌，洋蔥切成薄片。

2　將雞絞肉鋪抹在烤過的派皮上，擺上洋蔥、小蝦，放
　　進 230℃的烤箱烤 8 分鐘。

3　最後放些香菜即完成。

茼蒿柳葉魚 × 起司咖哩

乾烤　10 分鐘

230℃　10 分鐘

說到柳葉魚，一般人的印象都是「烤來吃」，
做成烤派的話，馬上變成體面的宴客菜。
微苦的柳葉魚和茼蒿非常速配。

〔材料〕

柳葉魚　4 條

茼蒿　2 株

咖哩粉　少許

美乃滋　1 大匙

披薩用起司絲　50g

〔作法〕

1　摘取茼蒿葉。

2　將起司絲、柳葉魚擺在烤過的派皮上，擠些美乃滋、
　　撒上咖哩粉，放進 230℃的烤箱烤 10 分鐘。

3　最後撒些茼蒿葉即完成。

香腸小番茄 × 藍紋起司

香腸請使用喜歡的種類，
如德式香腸或帶辣味的西班牙香腸（Chorizo）等。
外觀色彩繽紛，味道卻很沉穩。

乾烤	10 分鐘
230℃	8 分鐘

〔材料〕

香腸　4 條
小番茄　8 個
藍紋起司　20g
披薩用起司絲　30g
迷迭香　1 枝

〔作法〕

1　香腸切成 2 等分。

2　將所有材料擺在烤過的派皮上，放進 230℃的烤箱烤 8 分鐘即完成。

蒜片彩椒培根

縱切的彩椒圈，形狀很有趣。
若想增加分量，請用厚切培根。

乾烤　10分鐘

230℃　8分鐘

〔材料〕

培根　2片
彩椒　40g
大蒜　1瓣
披薩用起司絲　50g
咖哩粉　適量
橄欖油　適量

〔作法〕

1　彩椒去籽，縱切成圈狀。大蒜切成薄片，培根切成
　　1cm長。

2　將起司絲、步驟1材料擺在烤過的派皮上，撒些咖哩
　　粉，放進230℃的烤箱烤8分鐘。

3　最後淋上橄欖油即完成。

雙倍玉米

看似小朋友的口味，因為放了蒔蘿與甜椒，
竟然變成適合搭配葡萄酒的料理。
加入少量的醬油幫助提味。

乾烤　10 分鐘

230℃　8 分鐘

〔材料〕

生玉米　50g
玉米醬罐頭　4 大匙
冷凍青豆仁　1 大匙
披薩用起司絲　50g
紅椒粉　適量
蒔蘿　適量
醬油　少許

〔作法〕

1　從生玉米刮下玉米粒，蒔蘿切末。

2　將起司絲、玉米醬、玉米粒、青豆仁擺在烤過的派皮
　　上，放進 230℃的烤箱烤 8 分鐘。

3　最後撒些紅椒粉、醬油與切碎的蒔蘿即完成。

預先做好，隨時都能烤派真輕鬆

白醬

雖然白醬給人「很難做！」的感覺，
只要用家中既有的材料就能輕鬆完成。
不必購買市售的白醬，就能做出正宗的口味！
裝入密封容器冷凍，可當作保存食品。

〔 **方便製作的分量** 〕

冰牛奶　300ml

奶油　30g

低筋麵粉　4 大匙

鹽　1/2 小匙

〔 **作法** 〕

1　取一小鍋放入奶油加熱，
　　待奶油融化後，加入低筋
　　麵粉，用木鏟拌炒，炒的
　　時候請留意不要炒焦。

2　火力轉小，少量地加入冰
　　牛奶，用橡皮刮刀或小一
　　點的打蛋器用力攪拌，直
　　到變成柔滑狀即完成。

李子西洋菜 ×
茅屋起司

乾烤　10分鐘

把當季的李子帶皮做成沙拉。如果買不到李子，用柿子、
蘋果或西瓜等也可以，當季的水果最好吃了。

〔材料〕

李子　2個

西洋菜　1把

紅菊苣　1片

茅屋起司　2大匙

A ┌ 橄欖油　1大匙
　└ 鹽　少許

粉紅胡椒　少許

〔作法〕

1　李子切成半月形片狀，西洋菜和紅菊苣切成一口大小。

2　把茅屋起司與步驟1、材料A混拌。

3　將所有材料擺在烤過的派皮上，撒些粉紅胡椒即完成。

葡萄乾奶油地瓜

乾烤　10 分鐘

200℃　15 分鐘

就像在派上擺滿濕潤的地瓜條，
地瓜泡水是保持潤口度的訣竅。

〔材料〕

地瓜　60g

葡萄乾　2 大匙

奶油　10g

細砂糖　1/2 大匙

披薩用起司絲　50g

肉桂粉　適量

〔作法〕

1　地瓜帶皮切成細絲後，泡水備用。

2　將所有材料擺在烤過的派皮上，放進 200℃的烤箱烤 15 分鐘。

3　最後撒些肉桂粉即完成。

紫地瓜西梅乾

乾烤　10 分鐘

190℃　15 分鐘

想不想試試看做紫色的料理呢？
雖然本書是用紫地瓜，用一般的地瓜做也很好吃。
甜甜鹹鹹，欲罷不能。

〔材料〕

紫地瓜　30g

西梅乾　2 個

藍莓果醬　2 大匙

披薩用起司絲　30g

〔作法〕

1　紫地瓜帶皮切成薄片，泡水備用。西梅乾切成粗末。

2　將烤過的派皮塗抹藍莓果醬，擺上起司絲、紫地瓜片、西梅乾，放進 190℃的烤箱烤 15 分鐘即完成。

培根蘑菇凱薩沙拉

乾烤　10 分鐘

230℃　8 分鐘

蘑菇烤過的香氣與沙拉的組合超讚。

如果有帕瑪森起司，

最後撒上一大把，風味倍增。

〔材料〕

培根　1 片

蘑菇　2 個

蘿蔓萵苣　1/3 個

披薩用起司絲　40g

帕瑪森起司　適量

A ┌ 鯷魚（切末）　1 片

　├ 起司粉　1 大匙

　└ 橄欖油　1 大匙

〔作法〕

1　蘑菇切成薄片，培根切成 5mm 長。萵苣用手撕成一口大小，加入材料 A 混合攪拌。

2　將起司絲、蘑菇片、培根擺在烤過的派皮上，放進 230℃的烤箱烤 8 分鐘。

3　最後放上萵苣、撒些帕瑪森起司即完成。

蔥香章魚

章魚燒的進化版？本書不放海苔粉，改用紫蘇葉絲，
讓味道變清爽。當然，想吃海苔粉的人也可酌量撒上！

乾烤　10 分鐘

230℃　8 分鐘

〔材料〕

章魚　80g
大蔥　20g
披薩用起司絲　50g
紫蘇葉　3 片
中濃香醋醬　適量

〔作法〕

1　章魚切成薄片，大蔥斜切成薄片，紫蘇葉切絲。

2　將起司絲、章魚、蔥片擺在烤過的派皮上，放進
　　230℃的烤箱烤約 8 分鐘。

3　最後撒些紫蘇葉絲，淋上香醋醬即完成。

預先做好，隨時都能烤派真輕鬆

卡士達醬

卡士達醬還是自己動手做最好吃。

不添加雜質的卡士達醬，天然的美味無可取代。

烤好的香酥派皮只放卡士達醬就很可口。

裝入密封容器冷凍，可當作保存食品。

〔 **方便製作的分量** 〕

蛋　2 顆

玉米粉　1 又 1/2 大匙

低筋麵粉　1 又 1/2 大匙

砂糖　80g

牛奶　300ml

〔 **作法** 〕

1 在調理碗內放入蛋與半量的砂糖，用打蛋器充分攪拌，接著加入已過篩的玉米粉與低筋麵粉攪拌混合。

2 取一小鍋倒入牛奶與剩下的砂糖，加熱至快煮滾時，加入步驟 1 材料充分混合攪拌。起鍋後用網篩過濾，再倒回小鍋煮至滾沸。倒進托盤等平底容器攤平，包上保鮮膜，放進冰箱冷卻。

咖哩起司綜合豆

乾烤　10 分鐘

230℃　8 分鐘

直接用市售的咖哩調理包，打開包裝袋倒出來即可使用！
簡單省事，很適合當成假日的早午餐。

〔材料〕

咖哩調理包　1/2 包

綜合豆　40g

披薩用起司絲　50g

百里香　適量

〔作法〕

1　將起司絲、咖哩、綜合豆擺在烤過的派皮上，放進
　　230℃的烤箱烤 8 分鐘。

2　最後放上百里香即完成。

小魚乾香蔥海苔

看到小魚乾和蔥的量，或許會懷疑「要放這麼多嗎？」
沒錯，請多放些。
烤過變軟的蔥釋出甜味，配上海苔絲，味道很舒心。

乾烤　10 分鐘

230℃　8 分鐘

〔材料〕

小魚乾　1 大匙

大蔥　40g

青蔥　3 根

披薩用起司絲　50g

海苔絲　適量

〔作法〕

1　大蔥與青蔥斜切成薄片。

2　將海苔絲以外的所有材料擺在烤過的派皮上，放進
　　230℃的烤箱烤 8 分鐘。

3　最後撒上海苔絲即完成。

花枝圈 × 墨魚汁醬

偶爾吃點黑呼呼的料理也很不錯。

做法很簡單，用市售白醬加墨魚汁醬即可。

雖然圖片看不太清楚，但其中的洋蔥發揮了絕佳的效果。

乾烤　10 分鐘

230℃　8 分鐘

〔材料〕

花枝　1 尾

洋蔥　30g

墨魚汁醬　4g

白醬　4 大匙

黑胡椒　適量

橄欖油　適量

〔作法〕

1　洋蔥切成薄片，花枝切成圈狀。把花枝的內臟、墨囊與白醬混拌。

2　將烤過的派皮塗抹墨魚汁醬，擺上花枝、洋蔥，放進230℃的烤箱烤 8 分鐘。

3　最後撒些黑胡椒，淋上橄欖油即完成。

起司義式香腸

乾烤　10 分鐘

220℃　10 分鐘

手作的義式香腸分量十足。
利用廚房既有的香料,做出專屬你家的獨特美味!

〔材料〕

A ┌ 豬絞肉　75g
　├ 洋蔥末　1 又 1/2 大匙
　├ 義大利香芹(切粗末)　1 大匙
　├ 太白粉　1/2 大匙
　├ 鹽　少許
　├ 蛋　1/2 顆
　├ 水　1/2 大匙
　├ 香菜粉　1/3 小匙
　└ 紅椒粉　1/3 小匙
洋蔥(切薄片)　1/4 個
披薩用起司絲　50g
義大利香芹(裝飾用)　適量

〔作法〕

1　把材料 A 放入調理碗內充分揉合攪拌,分成 7 ~
　　8 等分,揉圓並壓扁成肉餅狀。

2　將起司絲、洋蔥片、肉餅擺在烤過的派皮上,放
　　進 220℃的烤箱烤 10 分鐘。

3　最後放上義大利香芹即完成。

咖哩風味紅椒絞肉

乾烤　10 分鐘

220℃　10 分鐘

把咖哩風味的絞肉搓揉成長條狀。

如果沒有新鮮香草，可用乾燥的奧勒岡或香芹。

〔材料〕

A┌ 豬絞肉　75g

　│ 洋蔥末　1 又 1/2 大匙

　│ 太白粉　1/2 大匙

　│ 鹽　少許

　│ 蛋　1/2 顆

　│ 水　1/2 大匙

　└ 咖哩粉　1 小匙

紅椒　1 個

披薩用起司絲　50g

鼠尾草　適量

〔作法〕

1　紅椒去籽，切成圈狀。把材料 A 放入調理碗內充分揉合攪拌。

2　將起司絲擺在烤過的派皮上，再放入搓揉成長條狀的材料 A、紅椒、鼠尾草，放進 220℃的烤箱烤 10 分鐘即完成。

香腸醃菜 × 莫札瑞拉起司

乾烤　10 分鐘

230℃　8 分鐘

市售香腸加醃菜，宛如熱狗般的組合。
混拌了紅菊苣末的醃菜，色彩繽紛。

〔材料〕

香腸　4 條
莫札瑞拉起司　40g
醃菜　2 大匙
紅菊苣或紫高麗菜　1/3 片
奧勒岡　適量
橄欖油　2 小匙

〔作法〕

1 香腸對半縱切，醃菜與紅菊苣切成粗末。

2 將起司與香腸擺在烤過的派皮上，放進 230℃ 的烤箱
   烤 8 分鐘。

3 把醃菜、紅菊苣、奧勒岡、橄欖油混拌後，放在步驟
   2 材料的上方即完成。

海苔綜合菇 ×
美乃滋韓式辣醬

| 乾烤 | 10 分鐘 |
| 230℃ | 8 分鐘 |

搭配啤酒超對味。大量使用喜歡的菇類加上韓式辣醬，
大口吃派，大口喝啤酒！撕碎的海苔有加分效果。

〔材料〕

舞菇　60g

香菇　2 朵

鴻喜菇　60g

韓式辣醬　1 又 1/2 小匙

美乃滋　1 又 1/2 大匙

海苔　適量

〔作法〕

1　舞菇與鴻喜菇分成小朵，香菇切成薄片。

2　把韓式辣醬和美乃滋拌勻後，塗在烤過的派皮上、擺上步驟 1 材料，放進 230℃的烤箱烤 8 分鐘。

3　最後放些撕碎的海苔即完成。

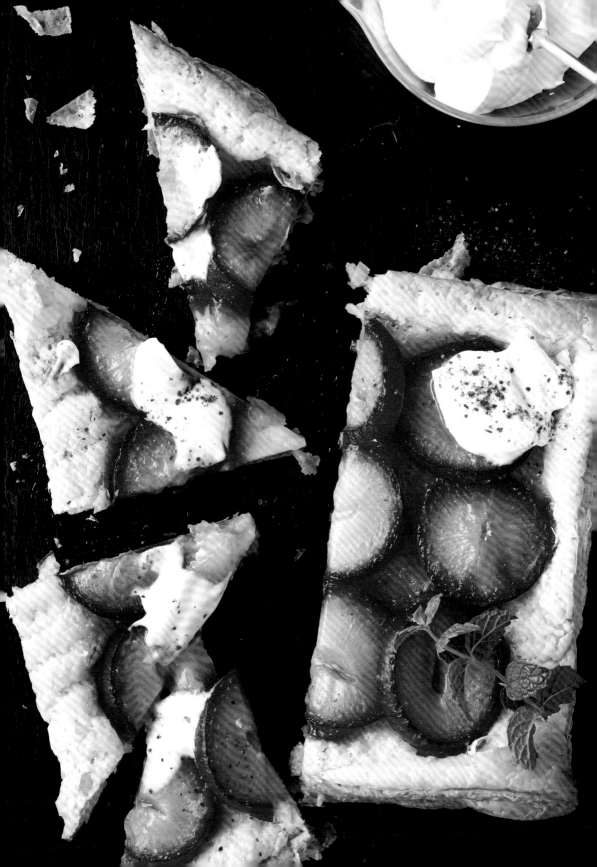

李子馬斯卡彭起司 ✕
薄荷一味辣椒粉

乾烤 10 分鐘

210℃ 10 分鐘

帶皮的李子呈現美麗的色澤，
因為有點酸，請多撒些細砂糖，
最後再放上馬斯卡彭起司。

〔材料〕

李子 2 個
細砂糖 2 小匙
馬斯卡彭起司 2 大匙
蜂蜜 1 大匙
一味辣椒粉 適量
薄荷 適量

〔作法〕

1 李子去籽，帶皮切成薄片。

2 將李子擺在烤過的派皮上，撒上細砂糖，放進 210℃
的烤箱烤 10 分鐘。

3 最後放馬斯卡彭起司，淋蜂蜜、撒些一味辣椒粉，擺
上薄荷做裝飾即完成。

蜂蜜草莓 × 馬斯卡彭起司

夢幻少女心的組合。除了莓果，也可使用喜歡的水果。
適合在家愜意享用的甜點。

乾烤　10 分鐘

〔材料〕

草莓　5 顆
覆盆子　20 粒
馬斯卡彭起司　3 大匙
蜂蜜　適量
薄荷　適量

〔作法〕

1　草莓切成 4 等分。

2　將草莓、覆盆子、馬斯卡彭起司擺在烤過的派皮上。

3　最後淋些蜂蜜、放上薄荷即完成。

椰奶芒果 × 鳳梨奇異果

椰奶優格醬與熱帶水果非常搭！
買不到新鮮水果時，使用罐頭也 OK。

乾烤　10 分鐘

〔材料〕

芒果　1/4 個
奇異果　1/2 個
鳳梨　60g
A ┌ 椰奶　2 大匙
　├ 優格　2 大匙
　└ 砂糖　4 小匙

〔作法〕

1　水果都切成一口大小，把材料 A 混拌做成醬汁，切好
　的水果與醬汁拌合。

2　將步驟 1 材料擺在烤過的派皮上即完成。

蘋果莫札瑞拉起司

蘋果和莫札瑞拉起司可說是基本款組合，
加上薰衣草或洋甘菊等香草增添香氣。

〔材料〕

蘋果　1/3 個

莫札瑞拉起司　80g

細砂糖　2 小匙

乾燥薰衣草　適量

檸檬馬鞭草（也可省略）　適量

〔作法〕

1　蘋果帶皮切成薄片。

2　將莫札瑞拉起司、蘋果擺在烤過的派皮上，撒上乾
　　燥薰衣草、細砂糖，放進 210℃的烤箱烤 10 分鐘。

3　最後放些檸檬馬鞭草即完成。

抹茶焦糖香蕉

用牛奶糖和香蕉做成的簡易甜點。
原本想撒上肉桂粉,試著改用抹茶粉,出乎意料的好吃。

乾烤　10 分鐘

230℃　8 分鐘

〔材料〕

香蕉　1 根
牛奶糖　3 個
細砂糖　1 大匙
抹茶粉　適量

〔作法〕

1　香蕉斜切成薄片,牛奶糖切成 3 等分。

2　將香蕉、牛奶糖擺在烤過的派皮上,撒上細砂糖,放進 230℃的烤箱烤 8 分鐘。

3　最後撒些抹茶粉即完成。

棉花糖巧克力 × 柳橙果醬

烤過後甜甜軟軟的棉花糖，多了一股柳橙果醬的微苦風味。
建議選用略酸或帶苦味的果醬做搭配。

<table>
<tr><td>乾烤</td><td>10 分鐘</td></tr>
<tr><td>210℃</td><td>10 分鐘</td></tr>
</table>

〔材料〕

板狀巧克力　6 小塊
棉花糖　6 個
柳橙果醬　1 大匙

〔作法〕

1　將烤過的派皮塗抹柳橙果醬，擺上巧克力、用手撕開
　　的棉花糖，放進 210℃的烤箱烤 10 分鐘即完成。

梨子無花果 × 堅果藍紋起司

無花果與藍紋起司的組合，加上開心果、胡桃與梨子。
秋冬時節可搭配紅酒享用。

乾烤 　10 分鐘

210℃ 　10 分鐘

〔材料〕

無花果　2 個

梨子　1/4 個

堅果類　適量

藍紋起司　40g

蜂蜜　適量

〔作法〕

1　無花果與帶皮梨子切成薄片。

2　將蜂蜜以外的所有材料擺在烤過的派皮上，放進 210℃的烤箱烤 10 分鐘。

3　最後淋上蜂蜜即完成。

葡萄奶油起司

直接擺上連枝的葡萄是增加吸睛度的訣竅。
烤過後葡萄皮會綻開，請連皮一同品嚐。

乾烤　10 分鐘

210℃　13 分鐘

〔材料〕

葡萄　約 15 粒
細砂糖　2 小匙
奶油起司　60g
百里香　適量
冰淇淋　適量

〔作法〕

1　將奶油起司、葡萄擺在烤過的派皮上，撒上細砂糖，
　　放進 210℃的烤箱烤 13 分鐘。

2　最後放些百里香與冰淇淋即完成。

柿子巧克力冰淇淋

新鮮柿子加入巧克力、巧克力冰淇淋，
喜歡喝酒的人，淋上些許白蘭地，味道會變得成熟。

乾烤	10 分鐘
230℃	8 分鐘

〔材料〕

柿子　1/2 個
板狀巧克力　適量
披薩用起司絲　40g
巧克力冰淇淋　適量

〔作法〕

1　柿子切成薄片。

2　將起司絲、柿子擺在烤過的派皮上，放進 230℃的烤箱烤 8 分鐘。

3　最後放上巧克力冰淇淋、撒些巧克力屑即完成。

甘栗 × 堅果水果乾

用市售甘栗與水果乾、核桃或杏仁等堅果的組合，
盡情享受秋天的美味！切成小塊，就像在吃點心。

乾烤　10 分鐘

210℃　10 分鐘

〔材料〕

甘栗　40g

西梅乾　2 個

杏桃乾　4 個

堅果類　1 大匙

杏桃果醬　1 大匙

〔作法〕

1　甘栗對半切開，果乾與堅果類切成粗末。

2　將烤過的派皮塗抹果醬，擺上所有材料，放進 210℃
的烤箱烤 10 分鐘即完成。

黃桃櫻桃 × 奶油起司

乾烤　10 分鐘

210℃　10 分鐘

因為是用水果罐頭，想吃的時候隨時都能做。
椰絲的酥脆口感相當加分。

〔材料〕

黃桃（罐頭）　6 塊

櫻桃（罐頭）　4 個

椰絲　1 大匙

細砂糖　2 小匙

奶油起司　60g

〔作法〕

1　將所有材料擺在烤過的派皮上，放進 210℃的烤箱烤
　　10 分鐘即完成。

蜜桃酸奶油

乾烤　10 分鐘

210℃　7 分鐘

這個派很適合在桃子的產季製作。
烤過的桃子散發豐盈芳醇的香甜，搭配酸奶油超對味！

〔材料〕

桃子　1/2 個

酸奶油　2 大匙

蜂蜜　適量

披薩用起司絲　40g

薄荷　適量

〔作法〕

1　桃子帶皮切成薄片。

2　將起司絲與桃子擺在烤過的派皮上，放進 210℃的烤
　　箱烤約 7 分鐘。

3　最後放上酸奶油、薄荷，淋些蜂蜜即完成。

橘子巧克力 × 卡士達醬

橘子帶皮切片，吃起來就像新鮮的橙皮乾，
與酥脆的派皮十分速配。

乾烤　10 分鐘

210℃　10 分鐘

〔材料〕

橘子　1 個
板狀巧克力　適量
細砂糖　1 大匙
卡士達醬　3 大匙

〔作法〕

1　橘子帶皮切成薄片。

2　將烤過的派皮塗抹卡士達醬，擺上橘子、撒細砂糖，
　放進 210℃的烤箱烤 10 分鐘。

3　最後撒上巧克力屑即完成。

芒果奶油起司

用冷凍的切塊芒果做也很美味。
若是在芒果的產季，試著動手做醬汁。

乾烤　10 分鐘

210℃　10 分鐘

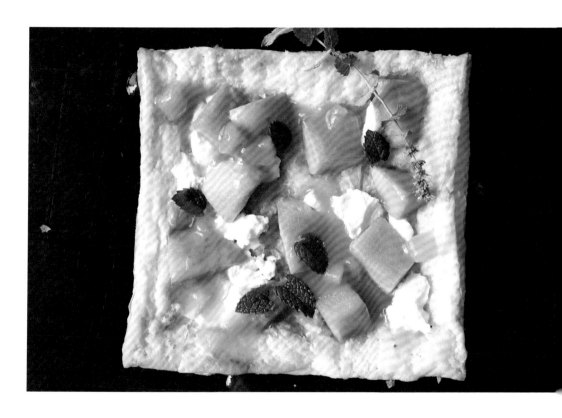

〔材料〕

芒果　80g

奶油起司　40g

芒果醬　2 大匙

薄荷　適量

〔作法〕

1　芒果切成 2cm 的塊狀。

2　將奶油起司與芒果擺在烤過的派皮上，放進 210℃的
　　烤箱烤 10 分鐘。

3　最後淋上芒果醬、撒些薄荷即完成。

生活樹系列 056

派皮點心
冷凍パイシートさえあれば！オープンパイ

作　　　　者	新田亞素美（Nitta Asomi）
譯　　　　者	連雪雅
總　編　輯	何玉美
選　書　人	紀欣怡
主　　　編	紀欣怡
封　面　設　計	萬亞雰
內　文　排　版	許貴華

出 版 發 行	采實文化事業股份有限公司
行 銷 企 劃	陳佩宜・陳詩婷・陳苑如
業 務 發 行	林詩富・張世明・吳淑華・林坤蓉・林踏欣
會 計 行 政	王雅蕙・李韶婉
法 律 顧 問	第一國際法律事務所　余淑杏律師
電 子 信 箱	acme@acmebook.com.tw
采 實 官 網	http://www.acmebook.com.tw
采實粉絲團	http://www.facebook.com/acmebook

Ｉ Ｓ Ｂ Ｎ	978-957-8950-10-8
定　　　價	300 元
初 版 一 刷	2018 年 2 月
劃 撥 帳 號	50148859
劃 撥 戶 名	采實文化事業股份有限公司
	104 台北市中山區建國北路二段 92 號 9 樓
	電話：(02)2518-5198
	傳真：(02)2518-2098

國家圖書館出版品預行編目資料

派皮點心 / 新田亞素美作；連雪雅譯 . -- 初版 . -- 臺北市
：采實文化，2018.02
　　面；　公分 . -- (生活樹系列；56)
ISBN 978-957-8950-10-8(平裝)

1. 點心食譜

427.16　　　　　　　　　　　　106025000

"REITOU PIE SHEET SAE AREBA! OPEN PIE" by Asomi Nitta
Copyright © 2016 Asomi Nitta
All rights reserved.
Original Japanese edition published by DAIWASHOBO, Tokyo.
This Complex Chinese language edition is published by arrangement with
DAIWASHOBO, Tokyo in care of Tuttle-Mori Agency, Inc., Tokyo through Keio
Cultural Enterprise Co., Ltd., New Taipei City, Taiwan.